V

TRAITÉ SPÉCIAL

SUR

LA THÉORIE, LA CONSTRUCTION

ET LA VÉRIFICATION

DES

INSTRUMENTS DE PESAGE

AVEC FIGURES

Indispensable aux Vérificateurs des Poids et Mesures

Par **F.-C. COUTELAS**

Vérificateur-Adjoint des Poids et Mesures.

PRIX : 3 fr. 50 c.

LAON

IMPRIMERIE ET LIBRAIRIE DE A. OYON

Rue du Bourg, 15.

C.

INTRODUCTION.

Comment bien reconnaître le vice d'un instrument de pesage, si l'on ne sait où ce vice réside? De même que nous conservons le mal dont le germe reste inaperçu lors de la visite du médecin, de même les commerçants conserveront leurs instruments défectueux, si les défauts n'en sont découverts lors de la vérification.

La connaissance que j'avais de la Balance, de la Romaine et de la Bascule, lors de mon début dans l'administration, était très-incomplète; aussi, souvent ne pouvais-je comprendre pourquoi l'on obtenait des résultats si divers avec des instruments qui me paraissaient construits à peu près sur les mêmes principes. Des ajusteurs, hommes assez compétents sur la matière, répondaient à mes observations : « Il n'y a rien

1

» de plus capricieux que certains fléaux ou que cer-
» taines bascules. » Mais cela ne m'éclairait point. Je
résolus de ne m'en rapporter qu'à l'étude. Je conçus
une rédaction, et, aidé du Manuel de Mécanique de
M. A.-D. Tergnaud, la lumière me vint bientôt.

En consacrant la première partie de mon travail à
l'explication des leviers, mon but a été, non pas de
donner une théorie parfaite ni mieux expliquée que
dans tel ou tel ouvrage, mais de rappeler les principes
qui régissent l'équilibre des leviers. Puis c'est en
m'appuyant sur ces principes que j'ai entrepris de démontrer pourquoi on a tel résultat avec tel fléau, et
tel résultat avec tel autre. C'est principalement cette
tâche que je me suis imposée; elle fait l'objet de la
deuxième partie.

En ce qui concerne la deuxième partie, il n'y a rien
de merveilleux. S'il en était ainsi, ma prétention aurait
dépassé ses limites, et j'en serais le premier tout sur-
pris. Mon idée, je l'avoue, la seule idée qui me guida
d'abord, ce fut le désir de m'instruire. Mais mes collègues, à qui je communiquai mes remarques, m'en-
gagèrent à les coordonner. Ils me firent croire que mon
travail, quelque médiocre qu'il me parût, devrait être
très-utile à ceux de nos confrères qui ne savent pas
ou qui n'ont pas encore bien compris :

1° Qu'un fléau peut toujours être indifférent;

2° Qu'il peut toujours être fou;

3° Qu'il peut toujours être bon;

4° Qu'il peut être tantôt fou, tantôt indifférent et
tantôt bon;

5° Qu'il peut être bon d'abord, puis indifférent, puis fou.

Non-seulement ce travail fera apprécier et bien connaître un instrument de pesage, mais un Vérificateur y trouvera les instructions qu'un Balancier-ajusteur peut lui demander pour réparer un instrument défectueux susceptible de devenir sensible et exact. A mon point de vue, c'est un avantage assez précieux.

Lorsqu'on refuse de poinçonner un instrument de pesage pour cause d'inexactitude, souvent l'assujetti presse de questions. « Je vois, dit-il, que ma bascule, » ma balance ou ma romaine n'est pas juste, je m'en » aperçois bien ; mais d'où cela vient-il ? qu'est-ce qui » rend mon instrument faux? où pèche-t-il ? » Le Vérificateur peut répondre que ce n'est pas son affaire, mais celle d'un ajusteur. Cette réponse peut s'admettre, mais relève-t-elle celui qui la fait, et ne vaut-il pas mieux, pour sa considération et son honneur, qu'un fonctionnaire puisse répondre aux questions qui touchent son service de si près ?

Je pourrais peut-être faire mieux apprécier l'utilité de mes remarques et de mes notes ; mais, en me servant d'autres considérations, je craindrais de m'égarer. J'aime mieux laisser ce soin, toutefois avec entière liberté de censure, à ceux de mes collègues qui voudront bien prendre la peine de me comprendre. Ce que pourtant je tiens à constater, c'est que dans la deuxième partie, intitulée : *des Instruments de pesage,* ils trouveront un ouvrage neuf qui n'a jamais paru, car il est entièrement le fruit de mon travail et de mes réflexions.

C'est surtout pour cette partie que je réclame la plus grande indulgence.

J'ai pensé que ce Traité serait plus complet s'il y était question de deux Balances actuellement très-employées dans le commerce : la Balance Béranger et la Balance système Roberval. Je donne donc, avec leur théorie, une idée de la construction géométrique de ces deux instruments.

Quand je rappelle ici le genre de Balance de M. Béranger, il ne faut pas croire que je prétende exclure d'autres Balances qui m'ont paru être aussi dans de très-bonnes conditions et avoir un mécanisme très-simple ; car, si l'on demandait mon avis sur le choix d'un instrument de pesage, je répondrais que je le donne en faveur de la *Balance à fléau simple en fer, bien confectionné et muni de couteaux en acier poli et trempé*, avec des plateaux *soutenus par des étriers*.

PREMIÈRE PARTIE

DU LEVIER.

Levier.

Le levier est une barre inflexible qui repose par un de ses points contre un obstacle invincible, et qui soutient, en deux quelconques de ses autres points, une force appelée *résistance*, par l'action d'une autre force appelée *puissance*. Le point sur lequel repose le levier se nomme *point d'appui*.

Lorsque le point d'appui se trouve entre la puissance et la résistance, on dit que le levier est du *premier genre* ou de la *première espèce* (fig. 1); si la résistance est entre le point d'appui et la puissance, c'est un levier du *second genre* ou de la *seconde espèce* (fig. 2); enfin, si la puissance se trouve entre le point d'appui et la résistance, le levier est du *troisième genre* ou de la *troisième espèce* (fig. 3).

Dans les figures qui viennent d'être indiquées, P représente la puissance, R la résistance et O le point d'appui.

Moment d'une force.

On appelle *moment d'une force* le produit de cette force par la perpendiculaire abaissée d'un point, d'une ligne ou d'un plan sur sa direction.

Ainsi (fig. 4) le moment de la force P autour du point n est $P \times nx$; le moment de la force R est $R \times ny$, et le moment de la force V est $V \times sn$.

Il est démontré en statique que si l'on avait $P \times nx = R \times ny + V \times sn$, les trois forces P, R, V, appliquées au point n parallèlement à leurs directions, maintiendraient ce point en repos ; elles se feraient équilibre.

Equilibre des leviers.

L'équilibre dans les leviers dépend de la loi que voici : *La puissance, multipliée par la perpendiculaire abaissée du point d'appui sur sa direction, doit être, pour qu'il y ait équilibre, égale à la résistance multipliée par la perpendiculaire abaissée aussi du point d'appui sur sa direction ;* ou, pour m'appuyer sur la définition du moment d'une force, je dirai : *Pour qu'un levier soit*

*en équilibre, il faut que le moment de la puissance soit
égal au moment de la résistance.*

On se convainc facilement de la vérité de ce principe
par une application (fig. 1). Soit **A B** un levier du premier genre, soit O le point d'appui, P la puissance et
R la résistance ; P × O n sera le moment de la puissance et R × O m sera celui de la résistance ; car O n
est la perpendiculaire abaissée du point d'appui sur la
direction de la puissance, et O m est celle qui est
abaissée du même point sur la direction de la résistance. Si l'on a P × O n < R × O m, la puissance
sera trop faible pour établir l'équilibre ; si l'on a
P × O n > R × O m, la résistance sera enlevée par
la puissance ; et si l'on a P × O n = R × O m, il y
aura équilibre.

Supposons que R représente une force de 60 kilogs
et que la commune mesure des deux perpendiculaires
O m et O n soit contenue 2 fois dans O m et 3 fois dans
O n, le moment de la résistance sera 60 kilogs × 2 =
120 kilogs, et celui de la puissance sera P × 3.

En cas d'équilibre, on aura donc 120 kilogs = P × 3,
d'où l'on tire $\frac{120\,kilogs}{3}$ = P = 40 kilogs, c'est-à-dire la
force nécessaire pour faire équilibre à la résistance R.

Dans le levier du second genre (fig. 2), on trouve
encore, en cas d'équilibre, P × O n = R × O m. Si
R représente 100 kilogs, et que l'on ait O m : O n : :
2 : 5, on aura 100 kilogs × 2 = P × 5, ou 200 kilogs
= P × 5 ; d'où l'on tire $\frac{200\,kilogs}{5}$ = P = 40 kilogs, c'est-
à-dire la force nécessaire pour faire équilibre à la résistance R.

Dans le levier du troisième genre (fig. 3), on aura encore, s'il y a équilibre entre la puissance et la résistance, la même égalité R × O m = P × O n. Si R représente 100 kilogs et que l'on ait O m : O n :: 5 : 2, on aura 100 kilogs × 5 = P × 2 ; d'où l'on tire $\frac{100\,kilogs \times 5}{2}$ = P = 250 kilogs, ou la force nécessaire pour équilibrer la résistance.

De la distinction établie entre les trois genres de leviers, on peut remarquer : 1° que dans les leviers du premier genre, les bras de la puissance et de la résistance peuvent être égaux ; 2° que dans les leviers du second genre, le bras de la puissance est toujours plus grand que celui de la résistance ; 3° que dans les leviers du troisième genre, le bras de la résistance est toujours plus grand que celui de la puissance.

Réaction du point d'appui.

Mais on peut se demander quelle force réagit au point d'appui, de manière à faire équilibre aux deux autres forces, la puissance et la résistance. Il est démontré, en statique, que si trois forces maintiennent un corps en repos, ces trois forces passent en un même point. Or, on connaît dans les leviers les directions de la puissance et de la résistance, on peut donc savoir où ces directions se rencontrent en les prolongeant. On voit (fig. 5, 6 et 7) qu'elles se rencontrent au point z ; la troisième force, c'est-à-dire celle qui réagit au point d'appui O, passe donc aussi par le point z.

Mais elle passe aussi au point d'appui O , la direction de la force cherchée sera donc la ligne O z.

Pour déterminer la valeur de cette force , il faut en déterminer le moment par rapport à l'un des points d'application d'une des deux autres forces du système ; ensuite on compare ce moment à celui de la puissance ou de la résistance par rapport au même point.

Soit (fig. 8) le levier A B du premier genre, P la puissance et R la résistance agissant selon les flèches , et O le point d'appui. En suivant les directions P B et R A, on arrive au point de rencontre z. Or, la force qui réagit en O passe aussi par le point z, puisque le système est en équilibre ; la ligne O z est donc la direction de cette force de réaction.

Soit à trouver la valeur de cette force. Evidemment le moment de la force R autour de B sera R $\times$ B n, et le moment de la force de réaction (soit s cette force) sera $s \times$ B m ; et , s'il y a équilibre , on aura R $\times$ B n $= s \times$ B m.

Supposant que R représente 100 kilogs , et que la commune mesure des deux perpendiculaires B n, B m, soit contenue 5 fois dans B n et 4 fois dans B m , on aura 100 $\times$ 5 $= s \times$ 4 ; d'où l'on tire $\frac{100 \text{ kilogs}}{4} = s =$ 125 kilogs, c'est-à-dire la force de réaction nécessaire au point O pour tenir le système en équilibre.

Il est tout aussi facile de trouver la direction et la valeur de la force qui réagit au point d'appui dans les leviers des deux autres genres , lorsqu'on connaît les directions de la puissance et de la résistance et la valeur de l'une de ces forces (fig. 5, 6 et 7).

Si là puissance et la résistance sont toutes deux perpendiculaires aux bras du levier (fig. 9, 10 et 11), les perpendiculaires sur leurs directions, à partir du point d'appui, sont leurs distances mesurées par les bras du levier lui-même, et les conditions d'équilibre se réduisent alors aux suivantes : *Que la puissance et la résistance chacune multipliée par la distance de son point d'application au point d'appui, les produits soient égaux ;* c'est-à-dire que l'on ait toujours $P \times OB = R \times OA$.

La pression sur le point d'appui est égale à la somme de la puissance et de la résistance, quand ces deux forces agissent des deux côtés du point d'appui, comme dans les leviers de la première espèce ; quand elles agissent du même côté, comme dans les leviers de seconde et troisième espèce, elle est égale à leur différence.

Si la puissance et la résistance agissent dans des directions parallèles (fig. 17, 18 et 19), la réaction du point d'appui est dans une direction parallèle aux deux premières, et est aussi égale à leur somme ou à leur différence, selon que le levier appartient à la première espèce ou aux deux autres.

Effet du centre de gravité.

Outre les trois forces dont il est parlé, le levier est soumis en réalité à un nombre infini d'autres forces dans le poids de chacune de ses parties, et ces forces produisent le même effet que si elles étaient toutes rassemblées au centre de gravité du levier.

Soit (fig. 20) V le poids supposé rassemblé au centre de gravité G du levier A B. Ce levier est donc sollicité par les forces P et R, par la force de réaction qui agit en O et par la force V qui agit verticalement en G.

Pour l'équilibre du système, la force de réaction devra être égale évidemment aux trois forces P, R et V réunies ; mais, pour l'équilibre du levier, il faudra que les moments de P et de V soient ensemble égaux à celui de R. Il faudra avoir $P \times O\,n + V \times O\,x = R \times O\,m$.

Soit $R = 60$ kilogs, et supposons que le levier pèse 12 kilogs. Pour qu'il y ait équilibre, il faudra avoir 60 kilogs $\times$ 2 = 12 kilogs $\times$ 3 + P $\times$ 6, ou 120 kilogs = 36 kilogs + P $\times$ 6 ; d'où l'on tire 120 kilogs — 36 kilogs = P $\times$ 6, et par suite 84 kilogs = P $\times$ 6, ou enfin $\frac{84\ \text{kilogs}}{6} = P = 14$ kilogs ; c'est-à-dire que la puissance devra être égale à 14 kilogs.

Pour résoudre ce problème, on a pris la commune mesure des trois perpendiculaires $O\,n$, $O\,x$ et $O\,m$ pour avoir leurs valeurs relatives représentées par 6, 3 et 2.

Il est évident, d'après cela, que si le levier est fait de manière que son centre de gravité tombe précisément au point d'appui, son poids n'aura aucune influence sur l'équilibre, et l'on pourra supposer qu'il n'existe pas. Mais dans la plupart des leviers, le centre de gravité n'est presque jamais détruit dans son effet, et l'on a toujours un système de trois forces à consi-

dérer : la puissance, la résistance et le centre de gravité, eu égard à l'équilibre du levier.

Problèmes relatifs aux leviers.

D'après tout ce qui vient d'être expliqué, on peut
aisément résoudre les problèmes suivants :

*1° Connaissant la quantité et la direction de la force
appliquée à l'une des extrémités d'un levier, déterminer
celle qui doit être appliquée à l'autre extrémité pour la
contrebalancer ;*

*2° Connaissant les forces appliquées aux bras d'un
levier et leurs directions, trouver la pression sur le point
d'appui.*

Ces deux problèmes pourront être résolus d'abord
en faisant abstraction du centre de gravité, ensuite
en y faisant attention.

La théorie de la balance, de la romaine et de la bascule repose entièrement sur la théorie des leviers, et
si l'on a parfaitement compris ce qui précède, il sera
facile de comprendre tout ce qui fait l'objet de la
deuxième partie.

DES INSTRUMENTS

DE PESAGE.

Fléaux.

Tout le monde sait ce que c'est qu'un fléau de balance ; il est inutile d'en donner une description. Je
dirai seulement que les points de suspension des plateaux et le point d'appui peuvent avoir sur le fléau
trois positions relatives différentes : ce qui constitue
trois catégories de fléaux.

La première catégorie comprend les fléaux dont les
points d'appui et de suspension sont en ligne droite
(fig. 12).

La deuxième catégorie comprend les fléaux dans

lesquels le point d'appui est au-dessus des points de suspension (fig. 13).

Et la troisième comprend ceux qui ont le point d'appui au-dessous des points de suspension (fig. 14).

Tous les fléaux peuvent être coupés en deux parties égales et parfaitement symétriques par une ligne verticale. C'est dans cette ligne que se trouvent toujours : 1° le point d'appui ; 2° le point d'application de la résultante des poids des plateaux et de leur contenu ; et 3° le centre de gravité du fléau.

Dans les trois figures ci-devant rappelées, le point d'appui est représenté par A et le point où agit la résultante des poids des plateaux et de leur contenu par R. On voit que ces points se trouvent sur la ligne verticale xy, qui coupe les fléaux en deux parties égales symétriques. Le centre de gravité est aussi sur cette ligne, car toute figure géométrique qui est symétrique par rapport à une certaine ligne a son centre de gravité sur cette ligne.

Il faut remarquer que, dans chaque catégorie de fléaux, les positions relatives du point d'appui et du point où agit la résultante des poids des plateaux ne changent pas avec les diverses formes qu'on peut donner au fléau. Dans les fléaux de la première catégorie, ces deux points seront toujours réunis en un seul ; dans ceux de la seconde, le point d'appui A sera toujours supérieur au point R ; et dans ceux de la troisième, le point A sera toujours inférieur au point R. Il n'en est pas de même du centre de gravité du fléau : il change toujours de place avec la forme donnée au

fléau, mais il reste toujours sur la ligne de symétrie
$x\,y$; il court pour ainsi dire sur cette ligne, et c'est
cette puissance du centre de gravité qui influe souvent
en bien ou en mal sur tous les fléaux, lorsqu'on obtient tel ou tel résultat.

Dans les fléaux qui appartiennent à la première
catégorie, le centre de gravité peut être, selon la
forme donnée au fléau : 1o au point d'appui même ;
2o ou au-dessus ; 3o ou au-dessous du point d'appui :
d'où résultent trois fléaux différents.

Dans les fléaux de la seconde catégorie, le centre de
gravité peut être : 1° au point d'appui même ; 2o ou
au-dessous entre ce point et le point d'application de
la résultante ; 3° en ce dernier point ; 4o ou au-dessous ;
5o ou au-dessus du point d'appui. Il y a donc dans la
seconde catégorie cinq espèces de fléaux.

Dans la troisième catégorie les fléaux peuvent avoir
leur centre de gravité : 1° au point même d'application
de la résultante des poids des plateaux ; 2o entre ce
point d'application de la résultante et le point d'appui ;
3° ou en ce point ; 4o ou au-dessous ; et 5o ou au-dessus
du point d'application. La troisième catégorie comprend donc aussi cinq espèces de fléaux.

Il y a donc en tout treize fléaux différents pouvant
donner des résultats divers à cause des positions relatives que peuvent avoir les points d'appui et de suspension et le centre de gravité.

La connaissance de ces treize fléaux et des principes
sur lesquels ils reposent, est nécessaire pour que, à
la simple inspection d'une balance, on puisse en re-

connaître les vices ou les qualités, et se rendre compte
des résultats qu'elle donne.

Fléau indifférent, fou, sourd
ou insensible, bon.

On entend par fléau *indifférent*, celui qui reste en
équilibre dans toutes les positions, à vide ou à charge.

On dit qu'un fléau est *fou*, lorsqu'il ne peut être
maintenu dans une position horizontale ou inclinée,
et qu'il tend sans cesse à prendre une position verticale.

Un fléau est *sensible*, lorsqu'avec un poids égal au
deux millième de ceux qu'il porte il s'incline légère-
ment en acquérant un mouvement oscillatoire.

Un fléau est *sourd* ou *insensible*, lorsque, étant
chargé, il ne quitte pas pour ainsi dire son horizontalité, en recevant dans l'un de ses plateaux un poids
plus grand que le deux millième de celui qui s'y trouve
déjà.

Un fléau est *bon*, lorsqu'avec des poids égaux mis
dans les plateaux, il n'est ni indifférent ni fou, et qu'il
peut acquérir un mouvement oscillatoire qui vient
s'éteindre dans la ligne horizontale. On voit qu'un
fléau bon, comme je l'entends, peut être sourd.

Théorie préparatoire.

Avant de repasser en revue chacun des fléaux dont
se composent les trois catégories qui sont établies, j'ai

voulu donner une théorie *préparatoire*, qu'on me per-
mette le mot, appliquée à un fléau susceptible de produire divers résultats.

Je suppose (fig. 16) les plateaux chargés de poids
égaux et le fléau dans une position horizontale. Aux
points *s* et *s'* agissent les forces qu'on appelle, en parlant du levier, puissance et résistance. La résultante
de ces deux forces agit suivant la verticale *x y*, et peut
être supposé appliquée au point R, milieu de *s s'*. Le
centre de gravité *g* du fléau se trouve au-dessous du
point A dans la verticale de symétrie. Le point A est
le point où se fait la réaction du point d'appui ; c'est
cette réaction qui fait équilibre à la résultante de
toutes les forces qui agissent sur le fléau. Elle doit
agir nécessairement dans la direction *x y* et en sens
contraire des forces *g* et R ; sans cela l'équilibre n'existerait pas. A est donc aussi sur la ligne *x y*. Les trois
points R, A et *g* sont donc en ligne droite.

Si l'on fait osciller la balance ou le fléau , le point A
tournera sur lui-même et servira de point d'appui à la
ligne R *g*, laquelle deviendra un véritable levier, puisqu'à ses extrémités agissent les forces R et *g*.

Faisons prendre au fléau la position inclinée indiquée, les moments des forces R et *g* autour de A seront
R' × R'*n* et *g'* × *g' m*. Si ces moments sont égaux, le
fléau, qui est soumis à ces deux forces , restera toujours en équilibre et gardera une position quelconque
qu'on y fera prendre. Ce fléau serait alors *indifférent*.
Si l'on a R' × R'*n* < *g'* × *g' m*, la position donnée
au fléau changera ; le point *g'* redescendra et R' re-

2

montera, tous deux se rapprocheront de la verticale et viendront même s'y fixer.

Dans ce mouvement, il faut remarquer que les forces R et g n'auront jamais de points d'application tels que leurs moments autour de A soient égaux : cela résulte de ce que l'on aura toujours la proportion $Ag' : AR' :: g'm : R'n$, à cause de la similitude des triangles AnR' et Amg' d'ailleurs quelconques ; de sorte que dans les produits $R' \times R'n$ et $g' \times g'm$, si l'un des facteurs se trouve doublé par suite de l'inclinaison donnée au fléau, l'autre sera aussi doublé et l'inégalité $R' \times R'n < g' \times g'm$ existera toujours.

Le mouvement du levier Rg ou $R'g'$ (et par suite celui du fléau) ne s'arrêtera donc que lorsque les forces appliquées à ses extrémités n'auront plus aucun moment par rapport au point d'appui A, et qu'elles s'ajouteront pour agir verticalement dans la direction xy, en passant au point d'appui A, dont la réaction leur fera équilibre. On peut donc conclure de là que tant que le poids réuni au point g sera plus grand que la résultante R, c'est-à-dire tant qu'on aura $R \times RA < g \times gA$, le fléau reprendra toujours sa position primitive ; il sera *bon*.

Le fléau, avant de reprendre son horizontalité, produira une série d'oscillations dans laquelle les points g et R passeront plusieurs fois à droite et à gauche de la verticale xy. Ce mouvement est dû à l'excès de puissance que la force réunie en g possède sur la résultante agissant en R. Cet excès de force sur la résultante R' donne au fléau un mouvement de va-et-vient que le frottement des couteaux sur leurs coussinets et la résistance de l'air finissent toujours par éteindre.

Si l'on avait $R' \times R'n > g' \times g'm$, l'égalité des moments ne pourrait non plus se rétablir en inclinant le fléau : cela résulte de la proportion plus haut établie. La moindre inclinaison donnée au fléau se continuerait de manière à ce que l'instrument vînt se fixer dans la verticale xy, si le frottement de quelques-unes de ses parties ne s'y opposait. Dans ce cas, le fléau serait *fou*.

Chargeons les plateaux de poids inégaux (fig. 23), mais dont la résultante soit toujours moindre que la force g, le fléau s'inclinera du côté du plus fort poids. En effet, supposons un instant que l'instrument n'ait pas de poids, c'est-à-dire que g soit égal à zéro, évidemment le fléau s'inclinera, car les moments de s et s' autour de A sont inégaux. Mais en rendant au point g, sorti de la verticale xy, le poids qu'il doit avoir, g aura un moment qui viendra s'ajouter à celui de s', si c'est s', par exemple, qui soit plus petit que s. Le fléau s'inclinera donc jusqu'à ce que la somme des moments de g et de s' autour de A soit égale au moment de la force s supposée être plus grande que s'. Alors il y aura équilibre et l'on aura $s' \times s'o + g \times gm = s \times sn$.

L'équilibre en position inclinée sera une preuve que l'instrument est *bon*.

Mais je ferai remarquer encore qu'avant de prendre une inclinaison fixe, le fléau aura un mouvement oscillatoire, et ce mouvement ne cessera que lorsqu'il sera arrêté par la résistance de l'air et le frottement.

La cause première de ce mouvement sera l'excès de la puissance qu'a le poids *s* sur le poids *s'*.

La résultante des forces *s* et *s'* se trouve évidemment appliquée en un point R' plus près de *s* que de *s'*. Si l'on considère cette résultante par rapport au centre de gravité *g*, je dis qu'il n'y aura équilibre que lorsque les moments de ces deux forces seront égaux, c'est-à-dire lorsqu'on aura $g' \times g' m = R' \times R' n'$ autour du point A.

Il faut remarquer ici que R', A et *g'* ne peuvent être en ligne droite ; s'il en était ainsi et que l'on eût l'égalité ci-dessus $R' \times R' n' = g' \times g' m$, le fléau serait indifférent ; car, d'après la proportion établie précédemment, cette proportion existerait dans toutes les positions du fléau. D'ailleurs, il serait absurde de supposer que R, qui est le milieu de *s s'*, fût le point où serait appliquée la résultante de *s* et *s'*, deux forces inégales.

Il faut encore bien se rappeler que *g* ou *g'* représente le poids du fléau, et qu'on a supposé que la puissance de *g* était plus grande que la puissance de la résultante des poids des plateaux et de leur contenu.

Dans le cas où cette inégalité n'existerait pas en faveur de *g*, il ne pourrait y avoir aucun équilibre en position inclinée ; le point R ou R' tendrait continuellement à venir se fixer au-dessous du point d'appui A. Le fléau serait *fou*.

Fléaux de la première catégorie.

1º FLÉAU INDIFFÉRENT POUR TOUJOURS. La résultante

des forces égales qui agissent aux points de suspension s et s' passe au point A, et l'on doit supposer qu'elle y est appliquée ; le centre de gravité (fig. 24) est aussi en A où s'opère la réaction du point d'appui. Ces forces, prises isolément, n'ayant aucun moment par rapport à l'une d'elles, n'ont aucune influence sur leur système, et elles ne peuvent, dans aucun cas, détruire l'équilibre. Si l'on incline le fléau, le centre de gravité, le point d'application de la résultante et le point d'appui seront encore au même point A, et l'équilibre existera toujours quel que soit le degré d'inclinaison donné au fléau. Ainsi un fléau est *indifférent pour toujours*, lorsqu'un seul point sert de point d'appui, de centre de gravité et de point d'application de la résultante des poids des plateaux et de leur contenu.

Une balance dont le fléau est indifférent pour toujours pourrait parfaitement servir à faire des pesées. Il suffirait, pour évaluer le poids d'une marchandise, de mettre cette marchandise dans l'un des plateaux, et d'ajouter dans l'autre assez de poids pour qu'il enlevât le premier chargé et le maintînt dans une position quelconque en équilibre. Cette balance serait la plus sensible de toutes. En effet, si elle était en équilibre, il suffirait d'ajouter sur l'un des plateaux un poids très-faible pour rompre la stabilité, car ici la difficulté à vaincre n'est que le frottement des couteaux sur leurs coussinets, et, lorsque ces parties sont bien construites, le frottement offre une résistance infiniment petite. Il y a bien encore une autre résistance à vaincre, celle qu'offre l'air dans lequel est plongé l'appareil ; cette seconde difficulté est aussi infiniment petite, et l'on peut raisonner comme si elle n'existait pas.

La balance indifférente pour toujours tient un juste milieu entre la balance toujours folle et la balance toujours bonne. Cela se comprendra bien lorsqu'on connaîtra ces deux dernières, et l'on comprendra aussi pourquoi il est matériellement impossible d'obtenir un fléau indifférent. Ce dernier instrument, quand l'équilibre en est détruit par des poids inégaux, tend à prendre la position verticale si rien ne s'y oppose.

2° FLÉAU TOUJOURS FOU (fig. 15). Soient s et s' deux forces égales agissant aux points de suspension, les moments égaux de ces forces seront $s \times sA$ et $s' \times s'A$. Dans une position horizontale exacte le fléau tendra à rester en équilibre, mais il sera aussi difficile d'y conserver sa stabilité dans cet état que de faire tenir l'une sur l'autre deux sphères bien polies. La moindre inclinaison, la plus petite flexion des bras et des couteaux dérangera g de la verticale xy, et le moment de cette force autour de A viendra s'ajouter au moment de la force s ou s' du côté de laquelle il y a inclinaison, du côté de s, par exemple, et l'on aura $s \times sn + g \times$ par la perpendiculaire go abaissée de ce point sur la verticale, somme $> s' \times s'm$. L'équilibre sera détruit et le fléau sera *fou*.

Le mouvement que le fléau acquerra sera produit

par l'addition de la force g au poids s, et ce mouvement ne s'arrêtera que lorsque g se trouvera au-
dessous de A dans la verticale xy. Il n'y a que le
frottement des couteaux qui empêchera que ce mouvement s'accomplisse.

Quelles que soient les forces appliquées en s et s',
on obtiendra toujours un semblable résultat avec un
fléau de ce genre. On peut donc dire qu'un fléau est
toujours fou, quand les points d'appui et de suspension sont en ligne droite et que le centre de gravité
est supérieur à cette ligne.

On comprendra facilement que si le mouvement
n'était arrêté lorsque le centre de gravité g tend à
se placer le plus bas possible, il y aurait un mouvement oscillatoire de certaine durée; g dépasserait
d'abord la verticale, puis la repasserait, la dépasserait
de nouveau et ainsi de suite, jusqu'à ce que le frottement des couteaux et la résistance de l'air sur la surface du fléau eussent éteint les oscillations.

Si les forces s et s' sont inégales, le fléau, en quittant
l'horizontalité, s'inclinera du côté du plus fort poids,
et le mouvement en sera plus rapide; car il y aura
deux causes au lieu d'une pour produire le même
effet. La plus grande force, s par exemple, enlèvera la
plus faible s', et à cette plus grande puissance viendra
se joindre celle du centre de gravité.

Si l'on incline le fléau du côté du plus petit poids
et qu'on parvienne à le mettre dans une position telle
que l'on ait $g \times go + s \times sn = s' \times s'm$, il restera
en équilibre. C'est le seul cas où le fléau fou puisse

avoir un équilibre stable, sans que g soit dans la verticale xy au-dessous de A.

Toutefois, pour obtenir ce résultat, il faut que la
différence des forces s et s' soit au plus égale à la puissance de g ; si cette différence de force surpassait le
moment de g on n'aurait jamais d'équilibre.

Je ferai remarquer que les poids inégaux mis dans
les plateaux peuvent être quelconques, pourvu que leur
différence reste la même.

3° FLÉAU TOUJOURS BON. Si les poids sont égaux,
comme je le suppose d'abord, les forces s et s' auront
chacune un moment égal autour de A (fig. 22). Quelles
que soient les positions que prenne le fléau, les moments de s et s' seront toujours égaux, car $s\,m$ A égalera
toujours $s\,n$ A. Si le fléau est horizontal et que g soit
sur xy au-dessous de A, l'équilibre sera stable.

Si l'on donne au fléau la position inclinée qu'on lui
voit, g sortira de la verticale xy, et, par rapport au
point A, aura un moment qui viendra s'ajouter à celui
de s. La somme $s \times s\,n + g \times g\,o$ sera alors plus
grande que $s' \times s'\,m$, et le fléau ne sera pas en équilibre. Le fléau tendra à reprendre son horizontalité en
faisant un mouvement contraire à celui qui lui a été
donné. Le point g reviendra sur la verticale de symétrie, puis la passera, la repassera, la passera de nouveau, et ainsi de suite, en produisant une série d'oscillations due à l'excès de la force que la somme $s \times$
$s\,n + g \times g\,o$ a sur $s' \times s'\,m$. L'amplitude des oscillations décroîtra graduellement par suite des obstacles

que rencontre l'appareil dans son mouvement, et qui sont notamment la résistance de l'air et le frottement des points d'appui et de suspension.

Plus le point g sera rapproché de A, moins il aura de puissance, et plus il sera facile de donner au fléau un mouvement oscillatoire, car le moment de g, quelle que soit l'inclinaison du fléau, sera toujours très-faible. C'est là le cas où le fléau possède le plus grand degré de sensibilité. Mais plus g s'éloignera de A, plus il sera difficile d'obtenir le mouvement oscillatoire, car la moindre inclinaison donnera au centre de gravité g une grande puissance. Dans ce cas, le fléau est *insensible* ou *sourd*.

Il est facile, d'après cela, de comprendre que le poids du fléau exerce une influence sur sa sensibilité, indépendamment du frottement. En effet, si l'on avait deux fléaux de même dimension et de même forme, dont un pèserait 5 kilogs et l'autre 1 kilog, leurs centres de gravité se trouveraient évidemment à égale distance du point d'appui. Si l'on donne aux deux instruments un même degré d'inclinaison, dans l'un le moment du centre de gravité sera 5 kilogs $\times$ par sa distance de la verticale de symétrie, et dans l'autre il sera 1 kilog $\times$ par la même distance. Par conséquent celui-ci sera d'une puissance cinq fois plus faible que celle du centre de gravité du fléau de 5 kilogs, et, offrant une résistance cinq fois moindre, il donnera au fléau une sensibilité 5 fois plus grande.

Si s' est plus grand que s, dans tous les cas le fléau s'inclinera du côté de s'. Toutefois il faut que la différence des poids soit plus grande que la résistance apportée par le frottement des couteaux et l'air atmosphérique. Si le moment de cette différence est plus petit que le moment de g autour de A, le fléau s'inclinera un peu et demeurera en équilibre. Cela aura lieu lorsque les moments $s \times sn$ et $g \times go$ feront ensemble une somme égale à $s' \times s'm$. Mais il y aura toujours un mouvement oscillatoire avant que l'équilibre soit stable. Ce mouvement sera produit par l'excès de force appliqué en s'. Le point g accomplira son mouvement de va-et-vient de chaque côté de la ligne secondaire xy, jusqu'à ce qu'il soit amené à un repos complet par les causes que j'ai déjà rappelées plusieurs fois.

Plus la différence sera petite entre le moment de g autour de A et le moment de l'excès de la force s' sur s, plus le fléau s'inclinera.

Si le point g est assez près de A pour que la plus petite différence des forces s et s' ait toujours un moment presque égal à celui de g, le fléau sera construit de manière à donner le plus grand degré de sensibilité. Les fléaux construits d'après ces principes sont bons et sensibles. C'est ainsi que sont confectionnées les balances fournies aux bureaux de vérification : les points d'appui et de suspension sont en ligne droite et le centre de gravité est très-près du point d'appui.

J'ai essayé par expérience de me rendre compte des propriétés des trois fléaux de la première catégorie avec des instruments faits dans toutes les conditions désirables. J'ai pu rendre un fléau fou au premier degré et j'ai pu le rendre sensible à un très-grand degré, mais je n'ai pas réussi à le rendre indifférent. Cela s'explique si l'on songe que pour qu'un instrument possédât cette qualité, il faudrait qu'il fût d'une construction parfaite dans toutes ses parties, ce qui est physiquement impossible.

Fléaux de la seconde catégorie.

1° FLÉAU INDIFFÉRENT A VIDE ET BON A CHARGE. Supposons (fig. 24) les poids s et s' égaux et les points A et g réunis. Les forces s et s', qui auront leurs moments égaux, mettront le fléau en équilibre stable, parce que la résultante sera appliquée au point R situé au-dessous de A, dans la verticale de symétrie xy.

Si l'on donne au fléau la position inclinée qu'on lui voit, R, qui sera toujours le point d'application de la résultante des forces s et s', sortira de la verticale ; mais alors aucune force ne tend à équilibrer R dans sa nouvelle position, et le système ne restera pas en équilibre. Le fléau reprendra l'horizontalité en faisant un mouvement contraire à celui qui lui a été donné ; il sera soumis à une série d'oscillations due à la puissance de R, qui peut être considéré comme agissant à l'extrémité du levier R A à la manière d'un pendule. On peut dire encore que les moments des forces s et s' ne seraient plus égaux en position inclinée. On aurait

$s \times sm < s' \times s'n$, car $s'n > sm$: cela résulté de l'inégalité des triangles $s'on$ et som, par conséquent l'instrument reprendra sa position primitive.

Plus le point R sera rapproché de A, moins il aura de puissance, et plus il sera facile de donner au fléau un mouvement oscillatoire, car le moment de la résultante appliquée en R, quelle que soit l'inclinaison du fléau, sera devenu plus faible ; plus, par conséquent, l'instrument sera *sensible*. Mais au contraire la sensibilité diminuerait si R s'éloignait de A, c'est-à-dire si la ligne qui joint s et s' était plus distante de A. En effet, dans ce cas, à la moindre inclinaison de l'instrument, le moment de la résultante qui passe en R deviendrait plus grand et offrirait une plus grande résistance. Le fléau deviendrait *sourd*. Ou, si l'on aime mieux, la différence entre les moments des forces s et s' deviendrait très-grande à la moindre inclinaison du fléau, et cette différence assourdirait l'appareil.

Au premier abord on croit que ce fléau puisse remplacer le fléau n° 3 de la première catégorie, mais cela est impossible. Dans celui-là la sensibilité dépend uniquement pour ainsi dire de la puissance de son centre de gravité. Un degré de sensibilité étant donné, ce degré ne change pas si la charge augmente ; le centre de gravité offre une résistance constante, et un surcroît de poids n'altère en rien la sensibilité constatée. Il n'en est pas de même dans le fléau n° 1 de la seconde catégorie ; c'est la résultante du poids des plateaux et de leur contenu qui détermine la sensibilité. Un degré de sensibilité étant donné avec ce fléau

lorsqu'il porte un certain poids , ce degré de sensibilité diminue à mesure que la charge augmente.

A vide, l'instrument que je viens d'envisager sera
indifférent ; il suffit pour comprendre cela de se reporter aux explications données sur le fléau n° 1 de la
première catégorie.

2° Fléau toujours bon. Si le point *g* au lieu d'être
en A se trouve au-dessous, entre A et R , ce sera en
plus une cause pour rendre le fléau sourd ; il y aura
deux obstacles apportés à la sensibilité. La preuve de
ceci est donnée plus haut. Ce fléau cependant sera
toujours *bon,* mais dans tous les cas et avec des conditions égales d'ailleurs , il sera toujours plus sourd
que le précédent. Plus *g* descendra, plus l'instrument
perdra de sa sensibilité.

3° Fléau encore bon. Si le point *g* descend encore et
se trouve au point R, le fléau sera encore *bon,* mais il
sera plus sourd que le fléau précédent n° 2, dans des
conditions égales.

4° Fléau encore bon. Si l'on continue à faire descendre
le centre de gravité *g* du fléau et qu'il passe le point
d'application R de la résultante des forces *s* et *s'* , le
fléau sera encore *bon,* mais il sera devenu plus sourd
que jamais. Il pourra arriver que le centre de gravité
donne à la sensibilité de l'instrument un obstacle égal
ou supérieur à celui qui naît sans cesse de la résultante des poids *s* et *s'*. Ce fléau serait alors dans les
plus mauvaises conditions.

5º Fléau fou a vide et bon a charge, ou fou a vide, bon jusqu'a une certaine charge, indifférent, puis bon pour toujours. Si le centre de gravité g se trouve au-dessus du point d'appui A, le fléau sera *fou à vide;* car à la moindre inclinaison, g, le centre de gravité, acquerra une puissance qui ne sera équilibrée par aucune autre, et viendra se placer le plus bas possible au-dessous de A dans la ligne xy. Mais si aux points de suspension s et s', agissent deux forces dont la résultante appliquée en R ait une puissance plus grande que le centre de gravité g, le fléau redeviendra *bon :* c'est là que l'on reconnaît la nécessité de n'examiner un fléau que lorsqu'il est pourvu de ses plateaux. Car un fléau peut être fou à un degré tel que la résultante des poids des plateaux suffise pour le rendre bon : un vérificateur aurait donc tort de ne pas admettre au poinçonnage un fléau qui serait dans ces conditions.

Si la résultante R des poids des plateaux donne, en la multipliant par R A, un produit plus petit que $g \times g$ A, le fléau sera encore fou (voir la théorie préparatoire). Il est évident qu'il ne perdra cette qualité que lorsqu'on aura mis dans les plateaux des poids égaux autant que possible, et assez forts pour que l'on eût au moins R $\times$ R A $= g \times g$ A. Le fléau sera donc *fou jusqu'à une certaine charge.*

Lorsque, par des additions successives de poids, on aura obtenu l'égalité ci-dessus, l'instrument perdra une qualité pour en prendre une autre, il sera *indifférent.* Il faut bien se rappeler que les fléaux ne possèdent cette propriété que théoriquement.

Si l'on augmente encore les poids des plateaux, on aura R × RA > g × gA ; le fléau alors deviendra *bon pour toujours*. Plus la différence sera petite entre ces deux produits, plus l'instrument sera sensible.

Fléaux de la troisième catégorie.

1° FLÉAU TOUJOURS FOU, A VIDE OU A CHARGE. Supposons (fig. 25) le centre de gravité g réuni au point R. La moindre inclinaison du fléau, la plus petite flexion des bras et des couteaux, suffira pour rompre l'équilibre, si équilibre il peut y avoir. R et g sont deux puissances qui s'ajoutent et qui concourent toutes deux à augmenter la folie de l'instrument. Plus les poids s et s' seront forts, plus le fléau tournera rapidement pour se placer de manière que R occupe le point le plus bas possible dans la verticale xy. Un fléau de ce genre est toujours *fou,* à vide ou à charge.

2° FLÉAU ENCORE FOU, A VIDE OU A CHARGE. Plus le centre de gravité se rapprochera du point d'appui A, plus le fléau, s'il est à vide, sera lent à accomplir son mouvement de fléau fou, car la cause de ce mouvement, qui est la puissance de g, devient de plus en plus faible. Mais si le fléau est chargé, sa folie ne sera guère diminuée. On peut donc dire que ce fléau est encore *fou* à vide ou à charge.

3° FLÉAU INDIFFÉRENT A VIDE ET FOU A CHARGE. Si un fléau est construit de manière que g soit en A, ce fléau sera *indifférent à vide,* car le centre de gravité n'aura aucun moment, aucune puissance, par conséquent, par rapport au point d'appui, et il ne détruira ni ne rétablira l'équilibre. Mais la plus petite charge aux points *s* et *s'* donnera une résultante en R, et cette résultante suffira seule pour rompre la stabilité du fléau : il sera *fou à charge.*

4° FLÉAU BON A VIDE, BON JUSQU'A UNE CHARGE LIMITÉE, ENSUITE INDIFFÉRENT, PUIS FOU. Si le centre de gravité du fléau continue à descendre sur la verticale xy, il acquerra une puissance qui tendra à maintenir le fléau en équilibre à vide. En effet, en inclinant l'instrument on ferait sortir g de la verticale de symétrie et il aurait pour moment, autour de A, $g \times g\,o$. Cette puissance (le centre de gravité), en agissant à l'extrémité de A g ressemblerait à un pendule qui oscille en faisant un mouvement contraire à celui qui lui a été donné ; g passerait la verticale, puis la repasserait, la passerait de nouveau, et ainsi de suite, jusqu'à ce qu'enfin il se trouvât dans sa position primitive au-dessous de A. Ce fléau serait donc *bon à vide.*

Si aux points de suspension *s* et *s'* se trouvent des poids égaux dont la résultante appliquée en R et multipliée par R A, donne un produit plus faible que $g \times$ g A, le fléau, mis en position inclinée, reprendra son horizontalité. Cet effet aura lieu en vertu de l'excès de puissance que le moment de g a sur le moment de la résultante R. Le fléau sera donc *bon jusqu'à une charge limitée.*

Si la charge aux points s et s' est telle que l'on ait $R \times RA = g \times gA$, le fléau gardera toutes les positions qu'on lui fera prendre, du moins théoriquement; il sera donc *indifférent*. (Les raisonnements donnés précédemment me paraissent assez prouver que ce résultat sera obtenu, pour me dispenser de faire ici une nouvelle démonstration.)

Enfin si l'on a $R \times RA > g \times gA$, le fléau tendra sans cesse à prendre une position telle que la plus grande puissance soit neutralisée, ce qui aura lieu lorsque R sera au-dessous de A dans la verticale xy. Le fléau sera donc *fou*.

5° AUTRE FLÉAU FOU, A VIDE OU A CHARGE. Si le centre de gravité g au lieu d'être en R, comme dans le n° 1, se trouve au-dessus de ce point, l'instrument sera d'une folie beaucoup plus prononcée, car le centre de gravité aura autour de A une puissance beaucoup plus grande. Le fléau sera *fou, à vide ou à charge*.

Balance-Bascule (rapport de 1 à 10).

CONSTRUCTION GÉOMÉTRIQUE. Le dessin ci-dessous représente la section verticale d'une bascule ordinaire (fig. 26).

Le tablier T avec l'arc-boutant R O, auquel il est invariablement lié, est un levier du second genre, car la résistance, lorsque l'instrument est chargé, se trouve entre le point d'appui m et la puissance O. Le couteau $m\,m'$ repose par son arête sur un autre levier $z\,\text{D}$ qui est aussi du second genre. Ce deuxième levier a pour point d'appui l'arête du couteau z, pour résistance la force qui presse en m' et pour puissance la force qui agit en D. Les deux leviers $m\,\text{R}\,\text{O}$ et $z\,\text{D}$ sont liés au levier du premier genre B A par les tringles C O et D B.

THÉORIE. Les points z, m', D, B, C et I sont placés de manière qu'on ait toujours $z\,m' : z\,\text{D} :: \text{I}\,\text{C} : \text{I}\,\text{B}$, c'est-à-dire que si $z\,m'$ est 5 fois plus petit que $z\,\text{D}$, I C sera aussi 5 fois plus petit que I B. Mais I C sera toujours le dixième de I A.

Les autres dimensions de l'instrument sont telles que, lorsqu'il fonctionne et que les leviers $z\,\text{D}$ et $m\,o$ sont dans une position parfaitement horizontale, les tringles D B et O C sont verticales.

Lorsqu'on fait une pesée et que le poids se trouve au milieu de $m\,o$, la charge se répartit également en m' et en o; mais si le poids quitte cette position, la charge est inégalement partagée : le point qui en est le plus voisin en supporte la plus forte partie. On peut donner la règle suivante : que les points m' et o sont toujours chargés en raison inverse de leur distance au point d'application du poids. Il résulte de là que si le poids entier était au point m, la charge ou la pression en o serait nulle.

Si la charge dépasse m, qu'on la mette en g, par exemple, et que cette charge, multipliée par $g\,m$, donne un produit plus grand que le produit du poids de la partie m R o par la distance de son centre de gravité à la verticale $m\,m'$ prolongée, l'instrument abandonnera sa position normale, il se démontera. Il n'y aura plus de mécanisme possible et l'instrument risquera de se fausser. (Il suffit de se rappeler ce qu'il a été dit du levier du premier genre pour comprendre et s'expliquer cet effet.)

Supposons que l'on ait z D $\vdots$ $z\,m'$ $\vdots\vdots$ 5 $\vdots$ 1. Lorsque le tablier sera chargé de 300 kilogs appliqués au tiers de la distance $m\,o$ à partir de m, évidemment 200 kil. seront en m et 100 kilogs au point o. Les 200 kilogs en m ou m' seront équilibrés en D par la tringle D B au moyen d'une force 5 fois plus faible, ou par $\frac{200\ kilogs}{5} =$ 40 kilogs. En B se trouve donc une force de 40 kilogs qu'on peut appeler puissance dans le levier z D, et qui devient résistance pour le levier B A.

Les 100 kilogs en o sont soutenus par la tringle o C et forment en C une résistance égale à ce poids.

La puissance qui agit en A, ou la force créée par les poids mis sur le plateau P, a donc deux résistances à contrebalancer, savoir : une de 40 kilogs en B et une de 100 kilogs en C.

En cas d'équilibre on aura toujours :

40 kilogs $\times$ B I $=$ I A $\times$ par le poids inconnu sur le plateau ou x, et 100 kilogs $\times$ C I $=$ I A $\times$ par le poids inconnu ou y.

En remplaçant B I, C I et I A par des nombres proportionnels à ces lignes, on aura :

$$40 \text{ kilogs} \times 5 = 10 \times x,$$
$$100 \text{ kilogs} \times 1 = 10 \times y.$$

Additionnant ces deux égalités on a 200 kilogs + 100 kilogs , ou 300 kilogs = 10 × $(x + y)$, d'où l'on tire : $\frac{300 \text{ kilogs}}{10} = (x + y) = 30$ kilogs, qui devront être appliqués en P pour faire équilibre aux 300 kilogs mis sur le tablier.

Le rapport de 1 à 5 que je suppose exister entre z D et $z\ m'$, I B et I C, est réellement celui qui existe dans les bascules communes employées actuellement dans le commerce. Ce rapport aurait pu être de 1 à 10, ou de 1 à 8 , ou tout autre. Cela est facile à comprendre en se servant du raisonnement précédent.

QUELQUES CAUSES D'INEXACTITUDE. — Si $z\ m'$ était le 1/5 de z D et que I C fût le 1/4 de I B, mais toujours le dixième de I A , la bascule serait fausse , c'est-à-dire que le poids mis en P, servant à établir l'équilibre, ne serait pas le 1/10 du poids mis sur le tablier.

Supposons que la charge en T soit encore de 300 kil. et appliquée au même point. On aura toujours en B une résistance de 40 kilogs et en C une de 100 kilogs. Pour que l'équilibre existe il faudra avoir 40 kilogs × 4 + 100 kilogs = 10 × $(x + y)$ ou $\frac{260 \text{ kilogs}}{10} = (x + y) = 26$ kilogs au lieu de 30 kilogs.

Si I C au contraire était le 1/6 de I B, le poids mis en P augmenterait au lieu de diminuer. En effet, en cas d'équilibre on aurait , toujours avec la même masse de 300 kilogs , 40 kilogs × 6 + 100 kilogs = 10 × $(x + y)$, ou $\frac{340 \text{ kilogs}}{10} = (x + y) = 34$ kilogs.

Ces résultats sont faciles à comprendre dans tous les cas ; dans le premier la puissance ou le poids en P diminue parce que le bras de la résistance, 40 kilogs, se trouve diminué ; dans le deuxième la puissance en P augmente , parce que le bras de la même résistance se trouve augmenté.

Puisqu'on doit toujours avoir $IC : IB :: zm : zD$, et que le rapport $\frac{IC}{IB}$ est quelconque, il s'ensuit qu'une bascule ne sera jamais juste lorsque cette proportion n'existera pas , indépendamment du rapport de 1C à 1 A qui doit toujours être de 1 à 10. Mais il sera facile de la rendre exacte et bonne en éloignant ou en rapprochant de I le couteau B, de manière à obtenir $\frac{IC}{IB}=\frac{zm}{zD}$ ou bien $\frac{IB}{IC}=\frac{zD}{zm}$.

Si le rapport entre I C et I A n'était pas de 1 à 10 , l'instrument serait encore inexact , et l'inexactitude serait d'autant plus visible que le poids ou la masse à peser serait plus près de l'arc-boutant F Ro ou du point o.

Reprenons le même poids de 300 kilogs appliqué au même point et donnant lieu encore à une résistance de 40 kilogs en B, et à une de 100 kilogs en C. Les 40 kilogs en B seront équilibrés en P ou A par une puissance de 10 kilogs, en supposant I C exactement 10 fois plus petit que I A. Mais si I C devient plus petit ou plus grand que le 1/10 de I A, les 100 kilogs qui agissent en C seront enlevés en A ou P par une puissance plus petite ou plus grande que 10 kilogs. Cela est évident, car une même résistance appliquée à un plus petit bras exige pour l'équilibre une plus petite puissance appliquée à un bras invariable ; et une même résistance agissant à un plus grand bras exige pour l'équilibre une plus grande puissance mise à un même bras.

L'on ne s'apercevrait nullement du vice d'un pareil instrument si le poids tout entier agissait au point m, car la résistance au point C deviendrait nulle ou égale à zéro. Il est donc nécessaire, pour vérifier une bascule, de mettre les poids d'abord tout près de l'arc-boutant, ensuite sur le point m ou à peu près.

Si la bascule était inexacte par la raison que I C serait plus grand ou plus petit que le 1/10 de I A; c'est-à-dire si un poids mis en P n'enlevait pas sur le tablier un poids exactement décuple, il ne faudrait toucher qu'au couteau A : le rapprocher ou l'éloigner de I, selon que le poids mis sur le plateau P se trouverait être plus petit ou plus grand que le 1/10 de celui mis en T dans tout état d'équilibre.

BASCULE FOLLE, SOURDE, INDIFFÉRENTE. Le levier principal B A d'une bascule joue absolument le rôle d'un fléau de balance, et comme tel il peut, par rapport aux positions relatives des points d'appui et de suspension B, C, I, A, avoir les mêmes vices. Une bascule peut donc être *folle, sourde* ou *indifférente*.

La différence du levier B A avec un fléau, c'est que ce levier offre ordinairement trois points de suspension et un seul point d'appui, et que, de plus, à l'état d'équilibre à vide, il supporte toujours l'extrémité des leviers gfo et zmD d'un côté, et le plateau P de l'autre.

On pourrait donc faire aussi trois catégories de bascules, comme il y a trois catégories de fléaux : la première comprendrait celles dont les points de suspension B, C, A et le point d'appui I sont en ligne droite ; la deuxième comprendrait celles qui ont le point d'appui I au-dessus de la ligne qui joint les points de suspension ; et la troisième comprendrait les bascules qui auraient le même point d'appui I au-dessous des points de suspension.

L'on pourrait dire aussi que dans la première catégorie il y a trois bascules ; dans la deuxième cinq ; et dans la troisième cinq aussi. Mais il suffit de connaître les résultats qu'on obtient avec telle ou telle bascule, car tout ce qui a été dit sur le fléau est applicable aux bascules. Toutefois je ferai remarquer que le centre de gravité du levier B A n'est jamais dans la verticale qui passe au point I d'appui, que pour cette raison son influence dans toutes les conditions n'est pas la même.

Si les points d'appui et de suspension B, C, I, A sont en ligne droite ainsi que le centre de gravité, qui peut être en un point quelconque de la ligne B A, la bascule sera *indifférente*, théoriquement parlant.

Si les points d'appui et de suspension restent en ligne droite et que le centre de gravité du levier B A monte au-dessus de cette ligne, la bascule sera *folle*, que ce centre de gravité soit à gauche ou à droite de I, peu importe. En effet, les forces qui agissent aux points B, C, A ont une résultante dont le point d'application est sur la ligne même B A, et le centre de gravité, dans la position qu'on lui donne, aurait avec cette résultante une nouvelle résultante dont le point d'application serait supérieur au point d'appui I; cette résultante rendrait l'instrument fou.

Si les points d'appui et de suspension restent encore sur la même ligne et que le centre de gravité descende au-dessous de cette ligne, l'instrument sera *bon*. Il sera l'équivalent du fléau n° 3 de la première catégorie : ce sera le meilleur instrument de pesage en fait de bascule.

Si les points B, C, A sont dans une ligne supérieure au point d'appui, la bascule sera *folle*.

Si ces mêmes points sont inférieurs au même point d'appui I, la bascule deviendra *sourde*.

Si l'une des arêtes B, C ou A dépasse la ligne qui joint les autres arêtes avec le point d'appui, l'instrument sera *fou* encore.

Si la droite qui joint B A passe au-dessous de I, on pourra exhausser l'arête C; on pourra rendre l'arête de ce couteau supérieure au point I. Cela aura pour effet de rendre l'instrument sensible au degré voulu, s'il ne l'était pas. Cependant il faudra ne jamais remonter C de manière qu'en mettant un poids tout près de l'arc-boutant, au point F par exemple, l'instrument puisse devenir fou.

En se reportant aux théories données sur les fléaux de balance, on pourra comprendre facilement pourquoi une bascule est folle, sourde ou sensible, dans tel ou tel cas.

Bascules dont le rapport est de 1 à 100.

CONSTRUCTION GÉOMÉTRIQUE. Les bascules dans lesquelles un poids déterminé sur le tablier est équilibré par un poids 100 fois plus faible mis sur le petit plateau, ou par un poids curseur qui se glisse à volonté sur un bras de levier, ces bascules, dis-je, ne sont pas construites comme celles dont il vient d'être question. Il est donc bon d'en avoir une idée.

En général le tablier repose sur quatre couteaux qui appartiennent chacun à quatre leviers ou à deux leviers triangulaires ; ces leviers concourent vers le même point. Au moyen d'un cinquième levier ou d'un levier triangulaire prolongé, les leviers peuvent fonctionner de manière à élever leurs couteaux. Le cinquième levier, ou le levier triangulaire prolongé, tient à une tringle qui se lie elle-même à un autre et dernier levier du premier genre. Enfin, c'est sur ce levier que glisse le poids curseur ou que se trouve le point de suspension du petit plateau de l'appareil.

THÉORIE. Je n'expliquerai qu'un cas, celui des leviers triangulaires (fig. 26 bis).

Soit akc un levier triangulaire et m, n, ses couteaux qui supportent le tablier en partie.

Soit dke un autre levier triangulaire et op ses couteaux, qui supportent le reste du tablier.

Au point k est une bride qui lie le premier levier au second, de sorte que si l'extrémité g est enlevée, les couteaux m, n, o et p s'élèveront ainsi que le tablier qu'ils soutiennent.

Si l'on a les proportions : $am : sk :: 1 : 5$, $do : rg :: 1 : 10$ et $tk : rg :: 1 : 2$, une puissance de 1 kilog en *g* enlèverait évidemment 10 kilogs mis sur le tablier.

Mais la puissance de 1 kilog en *g* peut être exercée à l'aide d'une tringle *h g* qui communique elle-même au levier du premier genre *q v h*, et si l'on a *h v* : *v q* :: 10 : 1, le poids qui agirait au point *q*, qui serait 10 fois plus faible que 1 kilog, enlèverait 1 kil. en *g* et 10 kil. sur le tablier. Ce poids serait 1 hectog, et l'appareil serait en équilibre.

Romaine.

ROMAINE INDIFFÉRENTE, FOLLE, SOURDE. Si le centre de gravité est au point A et que la ligne *m o* prolongée passe exactement aux arêtes *a* et *b*, l'instrument sera *indifférent*. Si le centre de gravité est au-dessus de A, l'instrument sera *fou;* s'il est au-dessous, l'instrument sera *bon*. Si la ligne *m o b* passe au-dessous de A, la romaine sera *sourde;* si elle passe au-dessus, la romaine sera *folle*. (Fig. 27.)

On voit qu'on pourrait établir autant de catégories de romaines qu'il y a de catégories de fléaux, et il est facile de comprendre que leurs qualités et leurs défauts sont les mêmes et proviennent des mêmes causes.

CONSTRUCTION GÉOMÉTRIQUE. La bonne romaine, la meilleure de toutes, sera donc celle qui, comme le fléau n° 3 de la première catégorie, aura son centre de gravité au-dessous et très-près de la ligne *b o m*, et les points b, a, o, m dans une seule et même ligne droite.

Un fléau à vide ne porte aucun poids, aucun crochet, il n'en est pas de même de la romaine. A vide cet instrument a toujours au moins un crochet et est muni d'un poids quelconque appelé *poids curseur*. Ce poids est mobile sur le bras om ; il peut contrebalancer un poids plus ou moins considérable suspendu en b, selon qu'il est plus ou moins éloigné de A.

Il est rare qu'une romaine reste en équilibre à vide, ni après qu'on l'a munie de son crochet et de son poids curseur. Il faut toujours, pour y pouvoir donner un équilibre, qu'un poids au moins égal au plus petit qu'elle doit porter soit au crochet, et que le curseur agisse en un point déterminé sur le bras.

Comme la romaine ordinaire est l'instrument de pesage pour lequel on exige le moins de sensibilité, je ne m'attacherai pas à en donner de longues explications. Je résoudrai seulement les trois principaux problèmes qui peuvent être proposés.

Dans la romaine comme dans la bascule, le centre de gravité de l'appareil peut ne pas être dans la ligne zy, je dirai même qu'il ne s'y trouve jamais. Mais ses effets sur l'instrument restent les mêmes ; ils ne changent pas ainsi que cela est prouvé.

1er PROBLÈME. *Le petit bras d'une romaine est de 15 millimètres, c'est-à-dire que* a b = *15 millimètres, le grand bras ou* a m = *290 millimètres. Graduer l'instrument de deux en deux kilogs, sachant que le poids curseur*

P *égale 5 hectogs et que le centre de gravité de l'instru-*
ment est en g sur la verticale z y.

Puisque *g* est sur la verticale *z y,* il ne s'ajoutera ni
à la puissance du poids curseur, ni à celle du poids
mis en *b.* Il ne faut s'occuper que des forces de 2 kil.
appliqués en *b* et du poids curseur ou de 5 hectogs
appliqués en un point inconnu.

Soit *x* le point où est appliqué le poids curseur
lorsque l'équilibre est établi; on aura, en vertu de ce
qu'il a été démontré, 2 kilogs $\times$ 15 $=$ 5 hectogs $\times$ a x.
d'où l'on tire $\frac{2\ \text{kilogs} \times 15}{5} = ax = \frac{300}{5} = 60$.

Le point où devra être appliqué P, le poids curseur,
sera donc à 60 millimètres de *a* pour établir l'équilibre de l'instrument quand il porte 2 kilogs en *b.*

On peut remarquer que 60 millimètres est exactement 4 fois la distance *a b :* cela doit être, car si sur
un levier du premier genre une résistance de 2 kilogs
doit être équilibrée par une puissance 4 fois plus faible
ou 5 hectogs, le bras de la puissance doit être 4 fois
plus grand que celui de la résistance.

Si en *b* l'on met 4 kilogs, l'équilibre existerait si l'on
mettait en *x* un second poids curseur, car l'on aurait :
$$2\ \text{k}^\text{o} \times 15 + 2\ \text{k}^\text{o} \times 15 = 5\ \text{h}^\text{o} \times 60 + 5\ \text{h}^\text{o} \times 60,$$
$$\text{ou } 4\ \text{k}^\text{o} \times 15 = 5\ \text{h}^\text{o} \times (60 + 60) \text{ ou } 120.$$

Ainsi la deuxième division de l'instrument sera à
120 millimètres de *a* et à 60 millimètres de *x.*

En continuant le même raisonnement on trouvera
toujours que les divisions successives sont de 60 en
60 millimètres.

La division du grand bras d'une romaine sera donc

très-facile lorsqu'elle sera construite dans les conditions énoncées.

2e PROBLÈME. *Graduer une romaine dont le grand bras a 125 centimètres de long et le petit bras 5 centimètres, sachant que le poids curseur est de 8 hectogs, que le centre de gravité de l'appareil, qui pèse 18 hectogs, est à 2 centimètres du point de suspension sur le grand bras, et que les divisions doivent être faites de 2 en 2 kilogs.*

Mettons les 2 kilogs en b ; en cas d'équilibre on aura :

2 kilogs $\times$ 5 $=$ 18 h° $\times$ 2 $+$ 8 h° $\times$ ax,

ou 100 h° $=$ 36 h° $+$ 8 h° $\times$ ax,

d'où l'on tire : 100 h° $-$ 36 h° $=$ 8 h° $\times$ ax,

ou 64 h° $=$ 8 h° $\times$ ax,

d'où l'on tire $\frac{64}{8} = ax = 8$ centimètres.

La première division se trouvera donc à 8 centimètres du point de suspension a.

Cherchons où sera la seconde, c'est-à-dire le point où devra agir le poids curseur pour enlever 4 kilogs en b. Supposons que l'équilibre existe, on aura :

4 k° $\times$ 5 $=$ toujours 18 h° $\times$ 2 $+$ 8 h° $\times$ $(ax + xx')$

(xx' représente la distance des deux premières divisions),

ou 200 h° $-$ 36 h° $=$ 8 h° $\times$ $(ax + xx')$,

ou 164 h° $=$ 8 h° $\times$ $(ax + xx')$,

d'où l'on tire $\frac{164\ h°}{8} = ax + xx'$.

Mettant 8 centimètres à la place de son égal ax, on aura $\frac{164\ h°}{8} = 8$ centimètres $+ xx'$;

ou 20 c. 5 $=$ 8 centim. $+ xx'$;

d'où l'on tire 20 cent. 5 $-$ 8 centim. $= xx' = 125$ mill.

La seconde division sera donc à 125 millim. de x ou à 205 millim. de a.

S'il y a 6 kilogs en b on aura :

6 kilogs $\times$ 8 $= 18$ h$^\circ$ $\times 2$ $+8$h$^\circ$ $\times (ax + xx' + xx'')$,

ou, après réduction, $\frac{264}{8} = (ax + xx' + xx'')$,

ou 33 centim. — 205 millim. $= x'x'' = 125$ millim.

La troisième division sera donc à 125 millim. de la seconde ou de x'.

En continuant ce raisonnement on prouvera que les divisions successives sont constamment distantes de 125 millimètres ; qu'ainsi, lorsqu'on a trouvé la première division, il suffira, pour graduer toute la romaine, de diviser le reste du grand bras en parties égales à la distance qui existe entre la première et la seconde division.

3e. Problème. *Etablir les divisions d'une romaine, sachant : 1° que le centre de gravité de l'appareil est sur le petit bras à 2 centim. du point a ; 2° que l'appareil pèse 18 h° ; 3° que le petit bras a 5 centim. et le grand 125 ; 4° que le poids curseur est de 8 h° ; et 5° que les divisions de la romaine doivent être faites de kilog en kilog.*

La solution de ce problème est exactement la même que celle du précédent. Je me bornerai seulement à résoudre un seul cas, qui est celui-ci : *à quelle distance du point de suspension a doit être suspendu le poids curseur pour enlever et équilibrer 5 kilogrammes au crochet b ?*

Supposons que l'équilibre existe et que x soit le point d'application du curseur. On aura :

$$5 \text{ kilogs} \times 5 + 18 \text{ h}° \times 2 = 8 \text{ h}° \times ax,$$
$$\text{ou } 250 \text{ h}° + 36 \text{ h}° = 8 \text{ h}° \times ax,$$
$$\text{ou } 286 \text{ h}° = 8 \text{ h}° \times ax,$$

d'où l'on tire $\frac{286 \text{ hectogs}}{8 \text{ h}°} = ax = 35$ centim. 75 centièmes.

Ainsi le point où sera appliqué le poids curseur sera à 35 centimètres 75 centièmes du point a.

Conditions dans lesquelles doivent se trouver la Balance, la Romaine et la Bascule avant d'être vérifiées avec des poids.

Avant de vérifier un instrument de pesage à l'aide de poids, il faut s'assurer :

1° QUE LES COUTEAUX ONT BIEN LA FORME QU'ILS DOIVENT AVOIR, CELLE D'UN COIN ORDINAIRE AIGU.

Car s'ils étaient ronds ou plats, l'instrument serait sourd ; il n'aurait pas la sensibilité exigée.

2° QUE LES ARÊTES DES COUTEAUX SONT EN LIGNE DROITE.

Car on sait que la balance serait folle si les points de suspension étaient au-dessus du point d'appui, et qu'elle serait sourde s'ils passaient au-dessous, même à une faible distance.

La bascule aussi serait folle si les couteaux B, C, A, qui servent de points de suspension, étaient au-dessus du point d'appui I ; et elle serait sourde si les mêmes points passaient au-dessous de l'arête I.

La romaine, construite dans les mêmes conditions,

donnerait aussi de semblables résultats. Elle serait folle si le point *b* de suspension et la ligne supérieure du grand bras *x m* se trouvaient au-dessus de l'arête *a ;* et elle serait sourde, s'ils passaient au-dessous.

3° QUE LES YEUX DE LA CHAPE SONT BIEN RONDS AINSI QUE LES S QUI LIENT LES PLATEAUX AUX POINTS DE SUSPENSION.

Car si les yeux de la chape du fléau et de la romaine étaient entaillés et coupés par les couteaux ainsi que les S de l'instrument, la balance ou la romaine serait gênée dans son mouvement; elle pourrait devenir sourde.

Cette observation est applicable aux coussinets de bascule et de balance (si la balance est à colonne) ; ces coussinets, s'ils sont plus tendres que les couteaux, se coupent assez profondément pour nuire au jeu de l'appareil dont ils font partie.

4° QUE, DANS LE FLÉAU SURTOUT, DANS LA ROMAINE ET LE LEVIER B A DE LA BASCULE, IL Y A AU-DESSUS DU POINT D'APPUI PRESQUE AUTANT DE MATIÈRE QU'EN DESSOUS.

On doit se rappeler en effet que si au-dessus du point d'appui il y avait plus de matière qu'en dessous, l'instrument serait fou; tandis que si le contraire existait avec une assez grande différence, l'instrument deviendrait sourd, surtout s'il s'agissait d'une balance.

5° QUE LES YEUX DE LA CHAPE DE LA BALANCE ET DE LA ROMAINE SONT ASSEZ GRANDS POUR QUE LES COUTEAUX QU'ILS REÇOIVENT PUISSENT Y JOUER FACILEMENT SANS FROTTEMENT.

Si les yeux de la chape d'un appareil de pesage

étaient trop étroits, les couteaux, à la moindre inclinaison, s'épauleraient contre la surface intérieure de
l'ouverture qui les contiendrait. Ils s'y fixeraient et
ce n'est qu'avec d'assez forts poids qu'on pourrait
augmenter leur degré d'inclinaison.

6° QUE LES BRANCHES DE LA CHAPE, SI L'INSTRUMENT
EST A CHAPE, NE SONT NI TROP SERRÉES, NI TROP ÉCARTÉES,
RELATIVEMENT A LA LONGUEUR DU COUTEAU QUI SERT DE
POINT D'APPUI.

L'on comprend l'inconvénient qu'offriraient l'un
et l'autre de ces cas: dans le premier le fléau
oscillerait difficilement, dans le second il risquerait de se décrocher. C'est là, quand on a su éviter
ces deux extrêmes, le complément d'une bonne
construction.

Ainsi, lorsqu'à vue d'œil, on trouvera qu'une balance, une bascule ou une romaine, n'est pas dans
ces six conditions principales, il sera inutile de se
servir de poids pour en achever la vérification ; on
pourra tout de suite la porter en réparation. Mais, si
l'instrument est bien dans les conditions plus haut
énoncées, la vérification devra être complétée avec des
poids. Ces poids serviront à faire connaître : 1° si les
bras du fléau sont égaux ; 2° si la bascule est construite dans les conditions voulues pour qu'un poids
mis sur le petit plateau contrebalance sur le tablier
un poids exactement décuple ou centuple ; 3° si dans
la romaine le poids curseur mis à une division du grand
bras enlève bien et exactement le poids connu mis au
crochet de suspension.

4

Vérification de la Balance.

S'il s'agit de vérifier une balance à fléau ordinaire, on la fait marcher à vide d'abord, ensuite on la charge au maximum de sa force avec deux poids parfaitement égaux. Si, après ces deux opérations, l'on ne reconnaît aucun vice à l'instrument, on pourra en répondre pour toutes les pesées, depuis la plus petite jusqu'à celle à laquelle on l'a soumise.

Vérification de la Romaine.

Si l'on veut vérifier une romaine, on pèsera d'abord le poids indiqué par la première division, puis le poids marqué par la dernière, en se servant de poids étalonnés. Si ces deux opérations donnent des résultats exacts et que les divisions intercalaires du grand bras soient égales, la romaine sera bonne et exacte.

Vérification de la Bascule.

Si l'on veut vérifier une bascule, il faudra suivre la marche adoptée pour les instruments précédents. On l'essaiera à vide d'abord, puis au maximum de sa force; si, après ces deux opérations, l'on ne reconnaît aucun défaut à l'instrument et qu'un poids exactement

10 ou 100 fois plus petit qu'un autre enlève celui-ci et l'équilibre, la bascule sera exacte.

Je pourrais prouver que ma manière de vérifier la balance à bras égaux et la romaine est la meilleure et l'infaillible, mais il suffit de se reporter aux théories de ces deux instruments pour le comprendre.

Quant à la vérification de la bascule, je ne prétends pas dire : c'est ainsi que je procède et j'ai raison ; je veux démontrer.

J'ai dit que j'essayais, je vérifiais l'instrument à vide, que je le tarais, pour mieux dire ; qu'ensuite je le chargeais au maximum de sa force avec des poids étalonnés. Ce n'est qu'en opérant de cette manière qu'on peut répondre de l'exactitude et de la bonté de l'instrument.

Qui soutiendra le contraire ? qui viendra dire qu'une bascule de 250 kilogs ou de 500 kilogs essayée ou vérifiée avec 20 kilogs de poids seulement, et trouvée bonne, sera encore exacte et sensible à 250 ou 500 kilogs ?

A une plus forte charge que 20 kilogs, à une charge 10 fois plus grande, par exemple, un levier ne peut-il pas se courber ? un point d'appui ou de suspension ne peut-il pas se baisser ou se déranger, si un couteau et un coussinet mal scellés cèdent ou glissent l'un sur l'autre ?

Il serait absurde de supposer que ces inconvénients ne pussent arriver ; ce serait dire qu'une bascule est un instrument indestructible à l'abri de toute usure et de tout accident.

On peut donc soutenir qu'une courbure de levier peut avoir lieu sous une forte charge. Cette courbure, en raccourcissant le levier, rapprocherait ou éloignerait quelques points d'appui ou de suspension, et détruirait les rapports qui doivent exister sans cesse entre telle et telle distance pour que l'instrument soit exact. La courbure, la faible flexion d'un levier peut donc rendre fausse une bascule reconnue très-exacte à 20 ou 40 kilogs.

Non-seulement elle peut devenir inexacte, mais elle peut devenir sourde par la même cause, car on sait que lorsqu'un point de suspension descend, la sensibilité diminue.

Je soutiendrai aussi qu'un point d'appui ou de suspension peut se baisser ou s'exhausser, s'éloigner ou se rapprocher d'un autre, par suite d'un glissement de couteau mal établi sur un coussinet peut-être aussi mal scellé, si la charge qui les presse devient plus forte. Dans ce cas l'instrument peut devenir sourd, ou fou, ou inexact, bien qu'à 20 kilogs il ait été dans toutes les conditions de justesse exigées.

Il faut donc conclure de là qu'une vérification de bascule faite avec 20 ou 40 kilogs de poids n'est pas suffisante, ni exempte d'erreur; qu'au contraire, la vérification faite avec le maximum de la portée est la meilleure et la seule infaillible. C'est d'ailleurs le mode que l'on suit pour vérifier en fabrique les instruments de pesage.

J'aurais pu peut-être m'étendre davantage sur la vérification de la bascule, mais je n'ai voulu parler

que de quelques causes d'inexactitude qu'une faible
portée ne peut montrer, pour prouver qu'il est com-
plètement faux de dire : qu'une bascule trouvée bonne
à 20 kilogs l'est encore à 100 ou 200 kilogs , mais qu'il
est juste de soutenir qu'une bascule de 250 kilogs,
trouvée bonne et exacte à vide et à 250 kilogs, l'est
encore depuis le plus faible poids qu'on y peut peser
jusqu'au plus grand.

Pourquoi, ajoutera-t-on, essayer l'instrument à
vide ? Qu'on se reporte au chapitre de la bascule et
l'on verra qu'elle peut être folle à vide, même jusqu'à
une petite charge. Il est donc bon de voir si elle n'est
pas dans ce cas.

Considérations sur le mode de vérification des bascules ; mesures bonnes à prendre.

Le mode de vérification qui vient d'être donné pour
la balance, la romaine et la bascule est le plus rigou-
reux. C'est celui qu'on doit suivre lorsqu'il s'agit de
vérifier un instrument de pesage qui vient d'être
réparé , ou qui est soumis à la vérification première.
On n'en peut sortir, sinon l'on ne fait qu'une vérification incomplète , et, selon moi, un agent des poids
et mesures qui procèderait de la sorte, qui vérifierait
une bascule de 200 kilogs, par exemple, avec 20 kilogs
de poids seulement, serait aussi coupable que s'il ap-
pliquait la marque de ses poinçons sur des poids non
vérifiés : aux termes de la circulaire du 24 mars 1833,

paragraphe 5 , cette dernière *prévarication* entraîne *la révocation immédiate ;* la première mérite peut-être la même peine.

En tournée périodique , souvent , ou , pour mieux dire, presque jamais l'on n'a à sa disposition la quantité nécessaire de poids pour faire une vérification complète et exempte d'erreur, surtout lorsqu'il s'agit d'une bascule. On est alors obligé de se contenter d'une vérification approximative ; c'est pourquoi quelques vérificateurs ne poinçonnent qu'à regret ces sortes d'instruments, tandis que d'autres, qui veulent rester à l'abri de toute responsabilité , ne les poinçonnent pas du tout.

Il est à regretter , dans l'intérêt des industriels comme dans celui des fonctionnaires, que cette partie du service ne puisse se faire plus exactement et plus régulièrement. Pour y remédier , plusieurs moyens pourraient être proposés à l'Administration par MM. les Vérificateurs. En voici trois principaux :

Le premier, qui se présente naturellement , serait d'obliger les commerçants à se munir des poids nécessaires à la vérification de leurs plus gros instruments de pesage.

Le second serait de forcer les communes à se pourvoir d'une quantité de poids qui atteignît le maximum de la portée du plus fort instrument de la localité. Ce moyen serait beaucoup moins dispendieux que le précédent et aurait plus de chance de réussite.

Le troisième serait de prescrire aux possesseurs de bascules à venir les faire vérifier au bureau de l'ar-

rondissement, par période de cinq ou de dix années :
cette mesure rendrait plus exacte la vérification approximative, et un vérificateur hésiterait moins pour
poinçonner, dans ses tournées, des appareils que lui-
même aurait vérifiés à son bureau au maximum de
leur force à une époque peu éloignée.

Ces mesures peuvent ne pas paraître de toute nécessité, à cause du très-petit nombre de bascules inexactes
que l'on rencontre. En effet, si ces sortes d'instruments,
qui sont presque tous neufs, conservaient indéfiniment
les propriétés dont ils jouissent aujourd'hui, et que le
nombre de ces appareils de pesage inexacts ne pût
s'accroître, les moyens de vérification qui viennent
d'être signalés pourraient devenir presque inutiles.
Mais il n'en est pas ainsi : toutes les bascules qui sont
actuellement chez les industriels y seront encore dans
vingt, trente ou quarante ans et même plus ; elles
auront subi des avaries, elles auront eu quelques ac-
cidents, leurs couteaux se trouveront usés, enfin, que
sais-je ? bien de ces inconvénients en auront nécessairement altéré les qualités primitives, et elles existeront
et fonctionneront quand même, tant la vérification
approximative aura été impuissante.

Alors il y aura, je n'en doute pas, autant de mauvaises bascules qu'on rencontre de mauvais fléaux, et,
lorsqu'il s'agira de pesées, la confiance des commerçants pourra devenir suspecte.

Je ne serai donc pas étonné de voir, dans un court
délai, l'Administration prendre quelque bonne mesure
tendant à éviter ce futur état de choses et à mettre les

vérificateurs à même de procéder à une vérification complète.

Sensibilité des appareils de pesage.

« Mais, dira-t-on, ces instruments sont reconnus bons et exacts, et leur sensibilité n'a pas été essayée.» Il faut se souvenir que je ne vérifie un instrument de pesage que lorsque j'ai reconnu qu'il se trouve dans les six conditions énoncées précédemment. Ces six conditions bien remplies suffisent assez pour démontrer qu'un instrument est sensible, et il me paraît tout-à-fait inutile de s'en assurer avec des poids.

Cependant les poids sont absolument nécessaires si l'on veut connaître le degré exact de sensibilité. A cet effet on charge relativement à sa force l'instrument de pesage d'un fort poids connu, et l'on ajoute d'un côté ou de l'autre un très-faible poids aussi connu. Si cette addition de poids donne à l'appareil un mouvement oscillatoire suivi d'une légère inclinaison, il y aura de la sensibilité. Si l'appareil portait d'un côté 10 kilogs et qu'on eût ajouté 10 grammes pour obtenir un mouvement et une inclinaison, il serait sensible au 1000e.

Lorsqu'il s'agit de savoir seulement si l'instrument est sensible, sans en connaître au juste le degré, il suffit d'apprécier le mouvement de l'appareil dans son balancement lorsqu'il est chargé : un mouvement lent annonce la sensibilité, et un mouvement précipité indique le contraire.

Balance Béranger.

Il est deux balances très-employées dans le commerce, c'est la balance Béranger et la balance Roberval. Ces deux balances exigent un mode particulier de vérification à cause de leurs constructions qui ne ressemblent point à celles des balances ordinaires. Pour bien apprécier le mode de vérification, il faut se rendre compte du mécanisme de chacun de ces appareils ; rien n'est plus simple en se rappelant bien la théorie des leviers.

CONSTRUCTION GÉOMÉTRIQUE. La figure 28 représente le profil du fléau, des tringles et des petits leviers dont la balance Béranger se compose.

Les points d'appui et de suspension sont placés de manière que l'on ait toujours la proportion $oa : ce :: ab : cd$, ce qui veut dire que si oa contient deux fois ce, ab contiendra deux fois cd.

Les petites tringles ac et yv lient le fléau zb aux petits leviers ed et su.

THÉORIE. Représentons les lignes oa, ce, ab et cd par les nombres proportionnels 20, 10, 8 et 4.

Si l'on met 5 kilogs en m, ces 5 kilogs produiront sur le fléau zb le même effet que s'ils étaient en z; la puissance de ce poids aura pour moment autour du point d'appui o, $5 \times (20 + 8) = 140$.

Si l'on met en P un même poids de 5 kilogs, ce poids exercera sur le fléau $z\,b$ le même effet que s'il était appliqué au point b, et produira une force dont le moment autour du point o sera 5 kil. $\times (20 + 8) = 140$.

Ces deux moments égaux prouvent que les deux poids de 5 kilogs s'équilibreront sur le fléau $b\,z$, sans qu'il y ait aucune pression en q ni en n.

Mais si l'on place un poids en m et l'autre en n, y aura-t-il encore équilibre ?

Les 5 kilogs en m auront toujours pour moment $5 \times (20 + 8) = 140$.

Les 5 kilogs en n produiront le même effet que s'ils étaient appliqués au point d, car la tige $n\,d$ est verticale ; le petit levier $e\,d$ devrait par conséquent s'incliner s'il n'était retenu par la tringle $a\,c$. Le poids qui agit en d tire donc le point a au moyen de la tringle, et réciproquement.

Or le moment de la force 5 kilogs qui presse au point d est 5 kilogs $\times (10 + 4) = 70$; et si cette force est maintenue en équilibre par la tringle $a\,c$, le levier $c\,d$ fait l'office d'un levier du troisième genre dont le point d'appui est en e, la puissance en c et la résistance en d.

Si l'équilibre existe on aura donc 5 kilogs $\times (10 + 4) =$ puissance $\times 10$. Divisant les deux membres de cette égalité par 10 on aura 7 kilogs = puissance, ou la force avec laquelle le point a est tiré par la tringle qui y aboutit.

Mais 7 kilogs au point *a* auront, pour moment autour de *o*, 7 kilogs × 20 = 140 = le moment de la puissance produite par les 5 kilogs appliqués en *m*.

Donc il y aura encore équilibre si les poids de 5 kil. sont appliqués l'un en *m* et l'autre en *n*.

On prouverait de même qu'un poids quelconque appliqué en *p* équilibrerait un même poids mis en *q*, ou en n'importe quel point du plateau. Pour vérifier les balances de ce genre on fera bien de placer les poids d'abord au milieu des plateaux, ensuite aux extrémités.

On voit d'après le plan géométrique d'une balance Béranger que les tiges et les tringles, ainsi que le fléau et les petits leviers, sont assemblées de manière à être perpendiculaires les unes aux autres ; les premières dans la direction verticale, et les seconds dans la direction horizontale.

Je ferai remarquer que si les points de suspension *b*, *a*, *y*, *z* étaient au-dessus du point d'appui, l'instrument serait fou ; et qu'il serait sourd si ces points passaient au-dessous. Cela repose sur les principes précédemment démontrés.

Balance Roberval.

CONSTRUCTION GÉOMÉTRIQUE. La balance Roberval n'est autre chose qu'une balance ordinaire à bras égaux, qui, au lieu d'avoir ses plateaux maintenus en-dessous du fléau par des chaines ou des étriers, les a en-dessus portés par des tiges. Ces tiges reposent sur le fléau par des couteaux dont elles sont traversées, et le fléau à ses extrémités se termine par deux branches (fig. 29).

Les tiges hc, id se prolongent en dessous du fléau dans la boîte ou le pied qui soutient l'appareil ; elles y sont maintenues dans la direction verticale soit par une seule branche cd, soit par deux branches cf et fd. (Dans tout le cours du raisonnement nous supposerons qu'il existe deux branches.)

Théorie. Quand la balance oscille, les rectangles $dbfe$ et $feac$ deviennent des parallélogrammes, car, à la moindre inclinaison, les lignes ae, eb, ef et fd cessent d'être perpendiculaires aux tiges et à la ligne ef. Pour que les rectangles deviennent des parallélogrammes, il faut donc qu'aux jonctions c et d il y ait un peu d'écartement ; sans cela les parties ne pourraient jouer librement, et il existerait un frottement qui nuirait beaucoup à la sensibilité de la balance.

Mais ce petit espace qu'il faut ménager devient la source d'une inexactitude pour l'instrument, dans certains cas, et, comme aucun instrument ne peut être toléré s'il peut prêter à l'erreur ou à la fraude, il ne serait pas étonnant qu'un jour viendra où les balances système Roberval seront totalement proscrites.

Si l'on place en i et en h deux poids égaux de manière que les tiges soient tenues par les poids mêmes dans la direction verticale, la balance sera exacte, si toutefois les bras du fléau sont égaux ; elle ne différera en rien de la balance ordinaire puisque dans ces conditions les branches cf et fd ne produisent aucun effet. (Je ferai remarquer que les poids ne maintiendront les tiges dans la direction verticale qu'autant que leurs centres de gravité se trouveront juste au-dessus des centres de gravité des mêmes tiges.)

Soit 5 kilogs le poids mis à gauche et 5 kilogs le poids mis à droite.

Première cause d'inexactitude. Si l'on change de place le poids de gauche, qu'on le mette en o, par exemple, il fera prendre à la tige hc la position mn, en supposant que l'espace ménagé à la jonction c soit égal à cn.

Alors les parties om et man forment un levier brisé dont le point d'appui est en n, la résistance en a, et la puissance en o' qui est les 5 kilogs. Au moyen de ce levier de second genre les 5 kilogs en o' acquièrent évidemment de la puissance sur le fléau ab, et détruisent l'équilibre : la balance deviendra fausse.

Et plus les lignes ma et mo' seront grandes, plus l'inexactitude croîtra avec le même poids.

Deuxième cause d'inexactitude. Indépendamment de ce défaut que l'on rencontre dans toutes les balances Roberval, il existe un autre inconvénient dû aux branches qui maintiennent les tiges, et cet autre contribue au moins autant que le premier à l'inexactitude de ces sortes d'instruments de pesage. Comme celui-ci, il se fait d'autant plus sentir que les pesées sont fortes et que les poids sont plus distants du centre des plateaux ; et, quand même le premier défaut n'existerait pas et n'aurait aucune influence sur la justesse de l'appareil, le deuxième inconvénient dont il s'agit se ferait toujours sentir (fig. 30).

En effet, chargeons l'instrument aux points o et z de deux poids égaux de 5 kilogs chacun. Lorsqu'il y aura inclinaison selon la position indiquée par la figure pointée ci-dessus, les poids agiront en o' et en z'. La tige $h'c'$ avec la branche $o'h'$, à laquelle elle est liée de manière à ne pouvoir se déranger, fera l'office d'un levier dont le point d'appui sera le couteau a', le poids 5 kilogs sera la puissance, et la pression de la branche fc' contre la tige sera la résistance ; $z'i'd'$ jouera le même rôle.

Or, dans cette position, la branche fc' pousse la tige dans la direction fc', selon la flèche, et tend à la retenir dans sa nouvelle position : car, si à cette force venait s'en ajouter une autre dans la direction gc', la tige serait retenue par une force deux fois plus intense, en supposant que cette nouvelle force égalât la première. De plus si l'on pouvait supposer encore que ces deux forces eussent une résultante dont la puissance fût égale à la puissance du poids de 5 kil. appliqués en z, il faudrait, pour avoir un équilibre, encore mettre un second poids de 5 kil. en z' pour équilibrer 5 kil. en o'.

Si au lieu d'incliner l'instrument à gauche, on l'inclinait à droite, un effet opposé aurait lieu ; il faudrait, dans les mêmes conditions, 10 kilogs en o' et 5 kilogs seulement en z'.

Cela prouve pourquoi l'on rencontre quelquefois des balances Roberval qui paraissent folles ou qui sont très-sourdes. L'expérience confirme cette démonstration.

En somme il faut donc admettre que la pression au point c' dans la direction fc', retient quelque peu l'instrument dans sa position inclinée ; le poids en o' augmente de puissance, ou sa puissance se trouve augmentée à l'aide de cette pression.

L'autre tige $i'd'$ se trouve pressée au point d' dans la direction fd' pour les mêmes causes qui viennent d'être données. Il faut donc admettre que cette pression en d' tend aussi à maintenir la tige dans la position qu'elle occupe ; la puissance du poids se trouve pour ainsi dire affaiblie.

Ainsi, d'un côté une cause tend à faire rester l'instrument dans sa position actuelle ; de l'autre, une seconde cause tend à produire le même effet : il faut donc conclure que l'instrument deviendra faux et s'altèrera.

Donc l'instrument sera encore inexact lorsque les poids seront placés en o et en z.

Il est encore bien des cas où un semblable instrument donne des résultats inexacts ; mais, si l'on a bien compris ce qui vient d'être expliqué, l'on s'en rendra compte facilement.

Peut-être que par expérience on pourra quelquefois prouver que la théorie que je donne là est fausse, et que quelques-uns des défauts que je démontre clairement n'existent pas ; mais il faut bien se rappeler et faire attention que ce ne serait qu'un nouveau vice qui existerait dans la construction de ces sortes d'instruments, qui pourrait être cause qu'on n'en trouvât pas un autre dans certaines conditions.

La vérification des balances système Roberval s'effectuera en plaçant les poids tantôt à gauche, tantôt à droite des plateaux ; tantôt dans des positions symétriques par rapport à la ligne verticale qui passerait aux points d'appui, et tantôt dans des positions non symétriques.

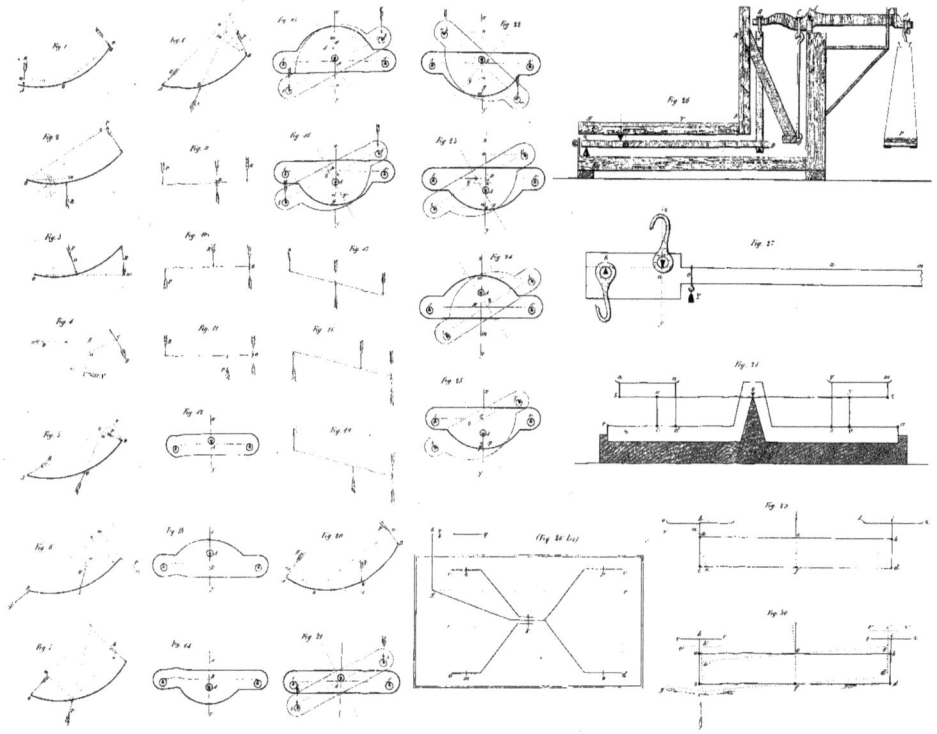

Fig. 1 Fig. 2 Fig. 21 Fig. 22 Fig. 26

Fig. 8 Fig. 9 Fig. 23 Fig. 27

Fig. 3 Fig. 10 Fig. 17 Fig. 24

Fig. 4 Fig. 11 Fig. 18 Fig. 31

Fig. 5 Fig. 12 Fig. 19 Fig. 25 (Fig. 26 bis) Fig. 33

Fig. 6 Fig. 13 Fig. 20 Fig. 30

Fig. 7 Fig. 14 Fig. 21

TABLE DES MATIÈRES.

Laon. — Imp. A. Oyon.

42

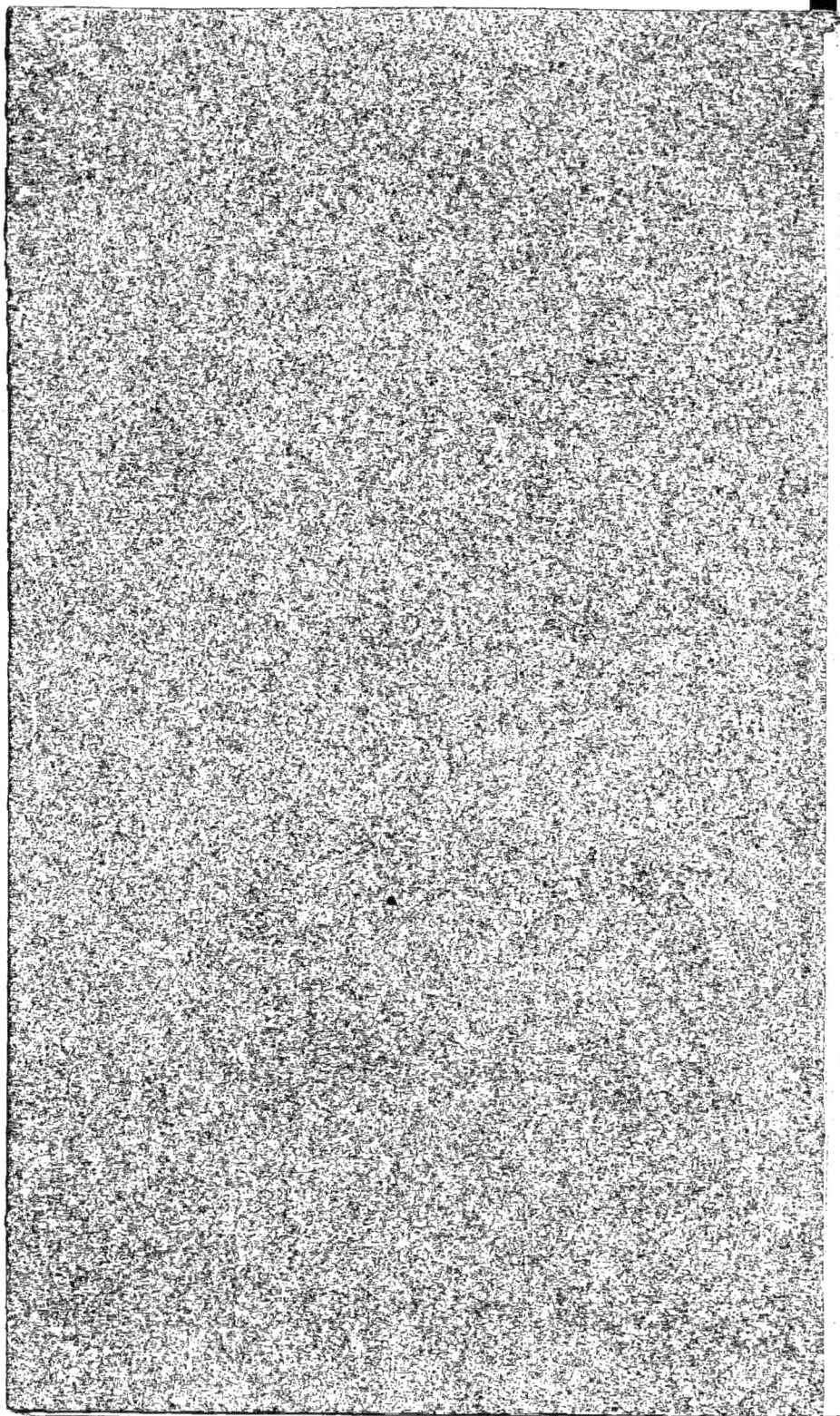

www.ingramcontent.com/pod-product-compliance
Lightning Source LLC
Chambersburg PA
CBHW071240200326
41521CB00009B/1561